Findelkatzen

Helden der Straße

Michael Kloth

Findelkatzen

Helden der Straße

Aus dem Englischen von Verena Küstner

KNESEBECK

Einleitung

Wenn dieses Buch eine bestimmte Botschaft vermitteln soll, dann diese: »Adoptieren Sie eine Katze!« Und zweitens: »Sterilisieren oder kastrieren Sie Ihre Katze!« Ich hoffe, dass Sie mir nach der Lektüre dieses Buches zustimmen werden.

Obwohl ich immer schon tierlieb war, habe ich mich lange eher als »Hundemenschen« betrachtet, und dieses Buch über Katzen kam daher auch für mich überraschend. Das Fotografieren ist meine zweite Karriere, und kurz nachdem ich mir meine erste Kamera gekauft hatte, kam ich in Kontakt mit dem Woodford-Tierschutzbund in Versailles, Kentucky. Ich begriff sofort, dass ein gutes Foto die Chancen eines Tieres auf ein neues Zuhause enorm verbessern kann. Leider werben auf den Homepages der meisten Tierheime nur schlecht ausgeleuchtete Schnappschüsse für die Pfleglinge, und im schlimmsten Fall zeigen sie sogar völlig verängstigte Tiere. Kurz entschlossen fotografierte ich für den Woodford-Tierschutzbund ehrenamtlich zunächst die zu vermittelnden Hunde.

Die Zusammenarbeit mit den Tieren und Mitarbeitern von Woodford war für mich ein Glücksfall. In vielen Tierheimen der Vereinigten Staaten findet nur knapp die Hälfte der Tiere ein neues Zuhause. Der Woodford-Tierschutzbund dagegen kommt auf eine Vermittlungsrate von bis zu 90 Prozent. Auch in deutschen Tierheimen ist die Vermittlungsquote gut. Dank der engagierten Pflege und guten Ausstattung des Heims sind die Woodford-Tiere so lange gut versorgt, bis sie schließlich vermittelt werden können, auch wenn es Monate oder vielleicht sogar mehr als ein Jahr dauert. Als mich Woche für Woche immer wieder die gleichen Katzengesichter begrüßten, erkannte ich, dass die Samtpfoten oft länger im Tierheim bleiben als Hunde. Irgendwann wurde mir klar, dass die Findelkatzen meine Hilfe noch mehr brauchten. Also musste ich auch sie fotografieren, aber ich wusste nicht, wie ich das anstellen sollte. Obwohl ich Katzen immer schon mochte, hatte ich keine Ahnung, wie mit ihnen umzugehen war. Ich befürchte, dass ich mir bei den Aufnahmen mehr als einen Katzenfeind fürs Leben gemacht habe, auch wenn ich ihm zu einem neuen Zuhause verhelfen wollte. Dennoch hatte ich binnen ein paar Jahren Hunderte von Katzen fotografiert und dabei Blut, Schweiß und (allergiebedingte) Tränen vergossen. Ich bin sehr glücklich darüber, dass meine Fotografien vielen Katzenschicksalen zu einem Happy End verhalfen. Und ich hoffe, dass mit diesem Buch noch viel mehr Stubentiger ein neues Zuhause finden.

Während ich dies schreibe, konnten bereits über 75 Prozent der für dieses Buch fotografierten Katzen vermittelt werden. Sophie aus dem Tri-Cities-Tierheim in Washington hatte leider weniger Glück. Sie wurde krank und musste schließlich eingeschläfert werden.

Man muss einfach lächeln, wenn sich im »Kätzchenkinderzimmer« im Tierheim Katzenbabys aneinanderkuscheln.

Nach Angaben des Tierschutzbunds in den USA beherbergen amerikanische Tierheime zwischen sechs und acht Millionen Katzen und Hunde pro Jahr, aber nur die Hälfte der Tiere findet ein neues Zuhause. In Deutschland nimmt jedes der 519 Tierheime im Durchschnitt 220 Katzen pro Jahr auf. Das sind insgesamt rund 114 000 Tiere, knapp 40 Prozent des Gesamtbestands der Heime. Die durchschnittliche Verweildauer beträgt 88 Tage.[1] Eine bestürzend hohe Zahl an Tieren muss daher eingeschläfert werden.[2] Leider sind insbesondere die Katzen von der Euthanasie betroffen. Während die Vermittlungsraten von Hunden ansteigen, weswegen entsprechend weniger Hunde eingeschläfert werden müssen, gibt es für die Katzen viel zu wenig Interessenten, obwohl auch hier die erfolgreichen Vermittlungen zunehmen.[3]

In amerikanischen Haushalten leben über 90 Millionen Katzen, in Deutschland über acht Millionen[4], und die Katzenbesitzer gehören zu den verantwortungsvollsten Tierhaltern. Mehr als 80 Prozent der Hauskatzen wurden sterilisiert oder kastriert.[5] Da die Katzenbesitzer offenbar wenig falsch machen, die Zahl der ins Tierheim gebrachten Stubentiger aber konstant hoch ist, muss die Ursache für das Problem anderswo gesucht werden. Traurigerweise finden weniger als fünf Prozent der entlaufenen Katzen, die ins

Tierheim kommen, wieder zu ihren Besitzern zurück.[6] Das zeigt, wie wichtig die Identifikation mittels Mikrochip ist, besonders für Katzen, die Freigänger sind. Der Tierchip wird unter die Haut injiziert und belastet die Katze nicht mehr als eine Impfung. Er ist mit einer 15-stelligen Nummer kodiert, die weltweit nur einmal vergeben wird. Dadurch ist es möglich, Tiere, die entlaufen sind, gestohlen wurden oder auf andere Weise verloren gegangen sind, zuverlässig zu identifizieren und ihren Besitzern zurückzugeben. Auch im Alltag bietet der Tierchip manchen Vorteil. So gibt es Katzenklappen, die den Code lesen und nur der eigenen Katze Zugang zum Haus erlauben.

Lola zählt zu meinen wenigen »Fehlschlägen« beim Fotografieren von Tierheimkatzen. Ich versuchte 90 Minuten lang, sie in meinem Studio aus verschiedenen Verstecken zu locken. Leider gelang mir dennoch kein brauchbares Foto.

Dass es zu viele Katzen gibt, liegt an der immer noch zu großen Anzahl unkastriert frei laufender und verwilderter Tiere. Ein Katzenpaar und seine Nachkommen können in sieben Jahren theoretisch bis zu 420 000 Nachkommen hervorbringen.[7] Das sind natürlich nur theoretische Zahlen, dennoch zeigen sie, dass wir handeln müssen. Programme zur Kastration verwilderter Katzen sind unabdingbar. Verwilderte Katzen lassen sich kaum in ein neues Zuhause vermitteln, und sie aus ihrem Revier zu entfernen ist ineffektiv, denn andere Katzen würden sofort nachrücken. Programme zur Kastration verwilderter Katzen, die eingefangen, sterilisiert und dann wieder freigelassen werden,

Oben links und rechts, unten rechts: Katzen des Woodford-Tierschutzbundes in Kentucky haben viel Platz zum Spielen und viele Schlafgelegenheiten. Unten links: Eine Katze schlummert im Jungtierraum des Tri-Cities-Tierheims.

sind ein effektives Mittel, um die Population wilder Katzen zu kontrollieren. Entsprechende Maßnahmen wurden in Deutschland schon von mehreren Kommunen eingeleitet, und es ist zu erwarten, dass weitere folgen werden.

Entscheidend ist, dass wir Verantwortung für die Tiere in unserer Obhut übernehmen, und das gilt nicht nur für Haustiere, die wir kennen und lieben, sondern auch für Tiere in unserem weiteren Umfeld. In unserer Konsumgesellschaft werden wir ständig dazu angehalten, das aktuellste Produkt zu kaufen und das Modell von gestern auf den Müll zu werfen. Leider entwickeln viele Menschen die gleiche Wegwerfmentalität auch gegenüber ihren Haustieren. Sobald sie unbequem werden, setzt man sie aus oder »entsorgt« sie in einem Tierheim. Dabei ist die Hemmschwelle gegenüber Katzen offenbar niedriger als gegenüber Hunden. Auch bei der Vermittlung an neue Tierhalter sind die Katzen im Nachteil. Das ist umso überraschender, als Katzen in Deutschland mit über acht Millionen Exemplaren die beliebtesten Haustiere sind, weit vor den Hunden mit 5,4 Millionen Exemplaren.

Eines der Probleme könnte die öffentliche Wahrnehmung von Katzen und Katzenhaltern sein. Im Jahr 2004 zeigte eine Studie, dass viele Leute Hunde für

»männlicher« halten als Katzen.[8] Ich möchte gerne glauben, dass diese Einstellung sich seitdem weiterentwickelt hat, aber Katzen bräuchten nach wie vor ein besseres Image. Sogar in unserem alltäglichen Sprachgebrauch kommen sie eher schlecht weg. Hunde gelten als tapfer und treu, Katzen als raffiniert und hinterhältig. Selbst Menschen, die sich selbst als Tierfreunde bezeichnen würden, hegen nicht selten eine Aversion gegen Katzen, deren Jagdmethoden sie für Tierquälerei halten und in denen sie eine Bedrohung für die heimische Vogelwelt sehen. Dabei stellt eine Katze für einen gesunden und kräftigen Vogel in der Regel keine Bedrohung dar.

Aufnahmen wie diese finden sich oft auf den Homepages von Tierheimen. Solche Bilder zeigen wenig von der Persönlichkeit einer Katze, sondern rufen bei dem Betrachter eher Schuldgefühle hervor.

Eine noch größere Rolle spielen aber vermutlich die Unabhängigkeit und Eigenständigkeit der Katzen gegenüber der sprichwörtlichen hündischen Ergebenheit. Beide Eigenschaften arbeiten gegen die Samtpfoten, zumindest was ihre erfolgreiche Vermittlung aus den Tierheimen an neue Besitzer sowie die Rückvermittlung an ihre ehemaligen Besitzer angeht. Viele Katzenhalter überlassen ihre Haustiere im Freien unbesorgt sich selbst in der Annahme, dass sie schon wieder von alleine nach Hause finden werden. Das ist normalerweise auch zutreffend, da Katzen über eine hervorragende Orientierungsfähigkeit verfügen. Deswegen erregt eine frei herumlaufende Katze auch kei-

nerlei Aufsehen. Ein frei herumlaufender Hund dagegen gilt schnell als entlaufen oder herrenlos, und man nimmt an, dass er nicht für sich selbst sorgen kann. Wenn wir einen Hund herumstreunen sehen, greifen wir deshalb meist sofort ein. Katzen dagegen können wochen- oder monatelang umherstreifen, bevor jemand merkt, dass sie kein Zuhause haben. Zu diesem Zeitpunkt haben die eigentlichen Halter es vielleicht schon aufgegeben, im örtlichen Tierheim nachzufragen. Tatsächlich ist der Anblick einer einsamen Katze inmitten einer Wiese besonders in ländlichen Regionen so selbstverständlich, dass deren Heimatlosigkeit nur dann auffällt, wenn sie versucht, sich aus freien Stücken einem Menschen anzuschließen – was in der Praxis gar nicht so selten vorkommt.

Auf welchem Weg auch immer die Katzen ins Tierheim kommen, es ist nicht garantiert, dass sie in ihr altes Zuhause zurückkehren können oder ein neues finden. Organisationen, bei denen die Findeltiere nicht nach einiger Zeit getötet werden, vermitteln ihre Schützlinge zwar garantiert weiter, aber diese müssen oft sehr lange darauf warten. In einigen Einrichtungen leben die Katzen in Gruppen zusammen und haben genug Raum zum Spielen, aber weniger glückliche Findelkatzen müssen in engen Käfigen leben, bis sie vermittelt, eingeschläfert oder an Forschungslabore abgegeben werden.

Thomas, das Maskottchen des Benton-Franklin-Tierschutzbundes in Washington, rollt sich vor einem Hamsterkäfig zusammen. Sekunden später knuffte ihn ein Hamster in den Rücken und weckte ihn auf.

Ein gutes Porträt von einer Katze aufzunehmen, ist keine einfache Sache. Kein Wunder, dass viele Tierheime nur schlechte Katzenaufnahmen auf ihren Internetseiten präsentieren können oder vielleicht sogar gar keine. Ein gutes Bild aber kann für viele potenzielle Tierhalter den Ausschlag geben, ins Tierheim zu gehen, um sich eine bestimmte Katze anzusehen. Seit ich die Tiere im Bent-Franklin-Tierheim in Kennwick, Washington, fotografiere, haben sich die Besucherzahlen auf der Website um einen zweistelligen Prozentsatz erhöht. Die Leute anzulocken, sich die Katzen anzuschauen, ist der erste Schritt hin zu einer möglichen Vermittlung.

Eine Findelkatze lässt sich Trockenfutter im Außengelände des Woodford-Tierschutzbundes schmecken. Sie ist eine der Katzen, die vom Tierschutzbund kastriert und wieder freigelassen wurden.

Katzen zu fotografieren ist, um es freundlich auszudrücken, eine intensive Erfahrung. Ich wurde gekratzt, angepinkelt und gebissen. Aber ich habe auch katzenhafte Zuneigung, Freude und Dankbarkeit für die Aufmerksamkeit erlebt. Es wäre natürlich sehr viel leichter gewesen, die Katzen in ihren Käfigen zu fotografieren, aber ich bin überzeugt, dass Käfigporträts Entscheidungen begünstigen, die auf Schuldgefühlen und Mitleid basieren. Ich versuche, verspielte und würdevolle Aufnahmen zu machen, auf denen potenzielle neue Tiereltern die Persönlichkeit ihres neuen Familienmitglieds erahnen können. Ironischerweise gelang es mir erst, als ich die Arbeit an diesem

Unten: Eine Katzenmutter und ihre Kätzchen warten im Tri-Cities-Tierheim auf Vermittlung.

Gegenüber: Im »Raum für erwachsene Katzen« im Tri-Cities-Tierheim kann dieser Heimbewohner mit anderen Katzen und potenziellen neuen Besitzern in Kontakt treten.

Buch begann, wirklich fesselnde Bilder von meinen Modellen und ihrem Leben in den Tierheimen zu machen. Ich stellte fest, dass melancholische Bilder von Katzen in ihren Käfigen eine ganz andere Wirkung hatten als Aufnahmen der Tiere in meinem mobilen Studio-Set (»Was für eine schöne Katze« anstelle von »Oh, die arme Mieze«). Viele persönliche Beobachtungen bestätigen die Richtigkeit meines Ansatzes.

Es gibt viele Wege, um einem Tier im Tierheim das Leben zu erleichtern, und jeder findet vielleicht eine andere Möglichkeit dazu. Mein Weg ist die Fotografie, und obgleich viele Menschen Tierheime deprimierend finden, empfinde ich meine Arbeit für die Tiere im Ganzen als beglückend. Offenbar meinen viele, Künstler bräuchten das Elend als Inspirationsquelle. Ich kann nicht bestreiten, dass die Arbeit mit Findeltieren emotional oft schwierig ist. Es ist bitter zu erfahren, dass eine »meiner« Katzen eingeschläfert wurde. Meine Arbeit mit den Tierheimkatzen kann schmerzlich sein, aber weitaus öfter inspirieren sie mich, mein Bestes zu geben, um sie lustig und lebhaft abzulichten. Mit den Bildern möchte ich Menschen dazu inspirieren, über die Adoption eines Tieres nachzudenken und ins örtliche Tierheim zu gehen.

Anmerkungen

1 »Common Questions about Animal Shelters«, The Humane Society of the United States (HSUS), 26. Oktober 2009, http://www.humanesociety.org/animal_community/resources/qa/common_questions_on_shelters.html (besucht 3/21/10). Deutschland: statista.com
2 »Affordable Spay/Neuter Bill for Cats and Dogs«, Change.org – Animals, http://animals.change.org/petitions/view/affordable_spayneuter_bill_for_cats_and_dogs
3 Linda K. Lord *et al.*: »Demographic Trends for Animal Care and Control Agencies in Ohio from 1996 to 2004«, *Journal of the American Veterinary Medical Association* 229, Nr. 1, 1. Juli 2006, S. 48–54.
4 Der Expertise 2009–2010 der National Pet Owners zufolge, durchgeführt von der American Pet Products Association, leben annähernd 93,6 Millionen Katzen in amerikanischen Haushalten. Nachzulesen unter: http://www.americanpetproducts.org/press_industrytrends.asp (accessed 4/19/10).
5 »Are Owned Cats Causing a Population Crisis?«, National Pet Alliance, http://fanciers.com/npa/owned-cats.html (besucht 7/11/09).
6 Der HSUS zufolge werden jährlich nur 2–5 Prozent der in Tierheimen gelandeten Katzen von ihren Besitzern zurückgeholt. Nachzulesen unter »HSUS Pet Overpopulation Estimates«, 23. November 2009, http://www.humanesociety.org/issues/pet_overpopulation/facts/overpopulation_estimates.html (besucht 3/21/10). Lord *et al.*, *op. cit.* zufolge werden 0,9 Prozent der aus verschiedenen Gründen abgegebenen Katzen und 1,3 Prozent der im Tierheim gelandeten Streuner wieder von ihren alten Besitzern zurückgeholt.
7 Feral Cat Coalition, http://www.feralcat.com (besucht 3/21/10).
8 John C. New, Jr. *et al.*: »Birth and Death Rate Estimates of Cats and Dogs in U.S. Households and Related Factors«, *Journal of Applied Animal Welfare Science* 7, Nr. 4, Oktober 2004, S. 229–41.
9 Nachzulesen beispielsweise unter: The Toby Project, http://www.tobyproject.org (accessed 7/19/09).

Sophie

Andy
Asparagus
Baby Girl
Billy
Binks
Black Jack
Bucket
Captain Hook
Casey
Charlotte
Clara
Finnegan
Garfield
Hope
Julius
Kahula
Karma
Kimba
King
Little Bug
Mary Anne
Misha
Miss Kitty
Mulan
Noble
Olivia
Ozzy
Peach
Peepers
Precious
Pumpkin
Radar
Rocket
Rocky
Sammy
Sasha
Sasquatch
Scarlet
Scotty
Skittles
Socks
Soda
Sonia
Sophie
Suey
Sulu
Sybil
Tango
Tiger
Trigger
Vegas
Willie
Wyatt

Findelkatzen

Mulan

Nie hat ein Tier mein Herz stürmischer erobert. Vom ersten Tag an, als ich sie nach Hause brachte, waren wir ein Herz und eine Seele. Ihr bezauberndes und freundliches Wesen ist einfach perfekt für mich.

Marla Gurr, Mulans neue Besitzerin

Misha

Black Jack

Trigger

Vegas

Miss Kitty

Miss Kitty ist eine wunderschöne und liebe Katzendame.Ich kann mir wirklich nicht erklären, warum ihr Adoptivvater sie uns zurückgegeben hat. Sie ist eine Katze, wie sie im Buche steht: charmant, edel und freiheitsliebend – aber unglücklicherweise immer noch auf der Suche nach dem richtigen Zuhause. Miss Kitty hat eine niedliche hohe Stimme und verlangt schon auch mal eindringlich nach Streicheleinheiten.

Beth Oleson, Woodford Humane Society

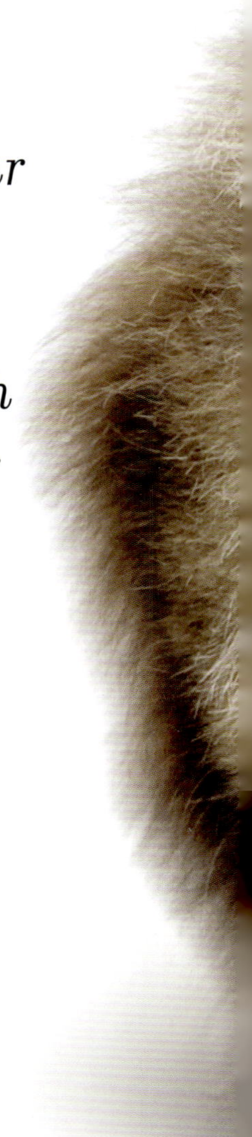

Kätzchen

P2084

Little Bug

Ozzy

Ozzys Geschichte steht stellvertretend für die Arbeit unseres Tierasyls: Manchmal dauert es sehr lange, die Katzen zu vermitteln, erwachsene Tiere im Besonderen … aber einmal bei der BFHS aufgenommen, dürfen sie hier so lange bleiben, bis sie schließlich ihr endgültiges Zuhause gefunden haben. Ozzy fand es ironischerweise kurz nach dem ersten Jahrestag seiner Ankunft im Tierheim.

Ed Dawson, Betriebsleiter bei der
Benton-Franklin Humane Society (BFHS)

Olivia

R3002

Sulu

Pumas Kätzchen

Binks

Bucket

Casey

Scarlet

Clara

Kätzchen

Kätzchen

Charlotte

Billy

Asparagus

Finnegan

Ein Tier zu adoptieren war kein Problem für uns. Finnegan auszuwählen, war genauso leicht. Mit seinen hübschen Augen und dem elfenbeinfarbenen Fell schafft er es jeden Tag, ein Lächeln in unser Gesicht zu zaubern.

John und Judy Geuther, Finnegans Besitzer

Kätzchen

King

Mangas Kätzchen

Mangas Kätzchen

Garfield

Rocket

Kätzchen

Pumpkin

R3079 & Peepers

Soda *Mary Anne*

Während einige Katzen unsere Fotoshootings gerne zum Ausbüxen nutzten, zeigte sich Wyatt in ausgesprochener Fotografierlaune. Sie reckte und streckte sich die ganze Zeit wohlig auf meinem Tisch und schärfte sich genussvoll die Krallen.

Wyatt

Kätzchen

Rocky

R1194

Precious

Julius

P1835

Kätzchen P1835 bemühte sich sehr eifrig um meine Aufmerksamkeit und angelte mit ihren Pfötchen durch die Gitterstäbe ihres Käfigs nach mir, während ich ihre Daten erfasste. Sie interessierte sich nicht für meine Kamera, sondern war der Meinung, dass ich die Sitzung besser zum Streicheln und Ohrenkraulen nutzen sollte.

Noble

Sammy

Karma

Peach

Skittles

P1834

Von der Ägyptischen Mau P1834 war ich derart hingerissen, dass ich sie während ihres 42 Tage währenden Aufenthalts im Tri-Cities-Tierheim gleich zweimal fotografierte. Sie hatte eine so unglaubliche Intensität im Blick und einen so außergewöhnlichen Charakterkopf.
Es überraschte mich, dass sie nicht schnell einen neuen Besitzer fand, und ich war sehr traurig, als ich erfuhr, dass sie krank wurde.

Kimba

Sasha

Bucket

Hope

Kätzchen

Kätzchen

Andy

Sonia

Baby Girl

P2069 & P2079

Kätzchen

Kahula

Charlotte

Charlotte war eine der wenigen Katzen, die ich außerhalb des Tierasyls fotografierte. Es wurde schon bald klar, dass Ortsveränderungen vor unseren Fotosessions die Katzen nervös gemacht hätten. Einigen Leuten erscheint dies vielleicht selbstverständich, ich aber hatte bis dahin meist Hunde fotografiert, und die agierten außerhalb des Heims oft besser vor der Kamera.

Captain Hook

Tango

Sybil

Cindys Kätzchen

Radar

Scotty

Suey

Sasquatch

Es war Liebe auf den ersten Blick, aber ich hatte bereits fünf andere Katzen zu Hause, es war nicht zu machen. Als wir uns einige Monate später unerwartet wieder begegneten, war das gleiche Gefühl wieder da, jedoch hatte sich viel geändert: Der junge Kater namens Little Magic hatte ein neues Zuhause gefunden, und seine putzigen großen Tatzen hatten ihm zu dem Big-Foot-Namen »Sasquatch« verholfen – was zu dem nun 16 Pfund schweren Stubentiger viel besser passt. Geblieben ist dem Kater sein liebenswerter, tollpatschiger Charakter, mit dem er sich von den anderen unterschied.

Aaron Mortensen und Monica Bauman,
Sasquatchs neue Besitzer

Kätzchen

Wer ist wer?

Diese Biografien basieren auf den vom jeweiligen Tierheim bereitgestellten Angaben. Die verschiedenen Heime berücksichtigen sehr unterschiedliche Informationen bei der Dokumentation ihrer Pfleglinge und manche vergeben an Katzen und junge Kätzchen keine Namen vor der Adoption.

SEITE 1: *Socks*
Als ich den drei Jahre alten schwarz-weißen Kater fotografierte, wartete er bereits 131 Tage auf ein neues Zuhause.

SEITEN 2 und 19: *Mulan*
Die drei Jahre alte Perserkatze kam klapperdürr zur BFHS, und ihr Fell war so verfilzt, dass sie rund um die Hüften rasiert werden musste. Man beschloss, Mulan vor der Adoptionsfreigabe erst einmal etwas Gewicht zulegen zu lassen und gab sie bei einer Familie in Pflege, die Interesse daran hatte, sie zu adoptieren. Es war Liebe auf den ersten Blick, und nach zwölf Tagen wurde Mulan adoptiert.

SEITEN 4–5: *Tiger*
Der einjährige Tigerkater war eines meiner kamerascheuesten Modelle – ständig in Bewegung, kommt sein geschmeidiger Gang gut zum Ausdruck. Er wurde nach zehn Tagen adoptiert.

SEITE 16: *Sophie*
Sophie war etwa ein Jahr alt, als sie samt Nachwuchs ins Tri-Cities-Tierheim kam, krank wurde und 20 Tage nach ihrer Ankunft starb. Zwei ihrer sechs Kätzchen sind auf dem Umschlag abgebildet.

SIEHE SEITE 2

SEITE 20: *Misha*
Die eineinhalb Jahre alte Russisch-Blau-Mischlingskatze war schwanger, als sie von der BFHS aufgenommen wurde. Sie wurde rasch bei einer Pflegefamilie untergebracht und einen Monat nach Entwöhnung ihrer Kätzchen adoptiert.

SEITE 21: *Black Jack*
Neugierig und freundlich war der drei Monate alte Black Jack, als er zusammen mit seiner Schwester bei der BFHS aufgenommen wurde. Eine Woche später wurde er adoptiert.

SEITE 22: *Trigger*
Hauskatze Trigger war eineinhalb Jahre alt, als sie zum Tri-Cities-Tierheim gebracht wurde. Nach 119 Tagen wurde sie vermittelt.

SEITE 23: *Vegas*
Der verspielte Kater steht gerne im Zentrum der Aufmerksamkeit und wurde nach 185 Tagen adoptiert.

SEITEN 24–25: *Miss Kitty*
Miss Kitty wartete im Tierheim der Woodford Humane Society 612 Tage, bevor sie im Januar 2009 adoptiert wurde. Nur vier Monate später wurde sie allerdings wieder zurückgegeben und wartete beim Schreiben des Buches immer noch auf ein neues Zuhause.

SEITEN 26 & 52–53: *Kätzchen*
Vier dieser Kätzchen wurden zusammen mit ihrer Mutter von der BFHS in die Obhut einer Pflegefamilie gegeben, bis sie alt genug für die Freigabe zur Adoption waren. Sie warteten zwei Wochen bis drei Monate auf ein neues Zuhause.

SEITE 27: *P2084*
Dieses acht Wochen alte Kätzchen kuschelte gerade mit seinem Brüderchen, als ich kam, um den Wurf zu fotografieren. Nach sieben Tagen wurde sie zusammen mit ihren Schwestern einer Tierschutzgruppe übergeben.

SEITEN 28–29: *Little Bug*
Dieses unglaublich quirlige Katzenmädchen vergnügte sich während der gesamten zehnminütigen Fotosession mit Spielen und ausgiebigem Räkeln und Strecken. Little Bug wurde nach neun Tagen vermittelt.

SEITE 31: *Ozzy*
Ozzy fotografierte ich zweimal während seines Aufenthalts bei der BFHS. Manchmal wiederholen wir eine Fotosession nach ein paar Monaten, um den Katzen die seltene Gelegenheit zu bieten, mal aus dem Käfig zu kommen und zu spielen. Ozzy wurde kurz nach seinem ersten Jahrestag bei der BFHS adoptiert, er lebte hier 390 Tage, bevor er ein neues Zuhause fand.

SEITE 32: *Olivia*
Olivia wurde nach einigen Monaten des Heimaufenthalts bei der Woodford Humane Society vermittelt. Als ihre neuen Besitzer eine ernste Krankheit bei ihr feststellten, gaben sie sie zurück, und Olivia musste eingeschläfert werden.

SEITE 33: *R3002*
Die Europäisch Kurzhaar R3002 verbrachte 26 Tage im Tri-Cities-Tierheim. Sie erkrankte an einer Infektion und musste eingeschläfert werden.

SEITEN 34, 90, & 112: *Sulu, Sasha, & Scotty*
Die acht Wochen alten Geschwister Sulu, Sasha und Scotty wurden bei der BFHS abgegeben, sobald sie von der Mutter entwöhnt waren. Suls strahlend blaue Augen verhalfen ihm nach nur sieben Tagen zu einem neuen Zuhause, Sasha und Scotty wurden nach 23 Tagen adoptiert.

SEITEN 35 & 104:
Pumas Kätzchen & Captain Hook
Sechs dieser acht Wochen alten Kätzchen brachte Katzenmutter Puma bei einer Pflegefamilie zur Welt, an die sie in die BFHS vermittelt hatte. Alle Kätzchen wurden schnell adoptiert, bis auf Captain Hook, der zwei Monate später noch auf ein neues Zuhause wartete.

SEITEN 36–37: *Binks*
Der zweijährige Perserkater war herrenlos bei der BFHS, nachdem sein Besitzer sich weigerte, die Übergabeerklärung zu unterzeichnen. Nach acht Tagen wurde er adoptiert.

SEITEN 38 & 91: *Bucket*
Bucket war acht Wochen alt, als er bei der BFHS abgegeben wurde. Er wurde in die Obhut einer Pflegefamilie gegeben, bis er alt genug war und nach 48 Tagen adoptiert wurde.

SEITE 39: *Casey*
Dieses Europäisch-Kurzhaar-Kätzchen kam im Alter von zwei Monaten ins Tri-Cities-Tierheim. Es zog sich eine Infektion zu und musste nach 28 Tagen eingeschläfert werden.

SEITE 40: *Scarlet*
Diese Hauskatze wurde im Alter von zwei Jahren zur BFHS gebracht und fand nach 106 Tagen ein neues Zuhause.

SEITE 41: *Clara*
Die verspielte Tigerkatze wurde bei der BFHS abgegeben und nach zehn Tagen adoptiert.

SEITEN 42 & 100: *Kätzchen*
Dieses neun Wochen alte Kätzchen wurde zusammen mit seinen Geschwistern bei der BFHS abgegeben. Zwei bis vier Wochen nach Ankunft fanden alle ein neues Zuhause.

SEITEN 43, 60, & 61:
Kätzchen
Dieses zehn Wochen alte Kätzchen wurden gemeinsam mit seinen Geschwistern bei der BFHS abgegeben. Alle konnten innerhalb von zwei Monaten vermittelt werden.

SEITE 44: *Kätzchen*
Dieses Kätzchen war eines von zwei Geschwistern, die voller Flöhe bei der BFHS ankamen. Die verspielten und anhänglichen Katzenbabys wurden nach der tierärztlichen Behandlung innerhalb von zwei Wochen vermittelt.

SEITE 45: *Charlotte*
Diese Hauskatze wurde als erwachsenes Tier bei der BFHS abgesetzt. Ihr freundliches Wesen half ihr dabei, nach 42 Tagen ein neues Zuhause zu finden.

SEITE 46: *Billy*
Der sechsjährige Siamkater wurde kurz nach meinem Fotobesuch adoptiert, aber nach neun Monaten wieder an die BFHS zurückgegeben – um einiges schwerer. Nach 28 Tagen fand er ein neues Zuhause.

SEITEN 48 & 49: *Asparagus*
Dieser Europäisch-Langhaar-Kater war sehr neugierig und wurde nach 107 Tagen adoptiert.

SEITEN 50 & 51: *Finnegan*
Finnegan kam als eine Woche altes Katzenbaby zusammen mit Mutter und vier Geschwistern ins Tri-Cities-Tierheim. Obwohl das Tierheim Kätzchen eigentlich lieber erst nach zehn Wochen von der Mutter entwöhnt, werden Katzenkinder manchmal auch abgegeben, sobald sie ihre ersten selbstständigen Runden drehen. Finnegan wurde im Alter von sieben Wochen adoptiert, nach 41 Tagen im Heim.

SIEHE SEITE 26

SIEHE SEITE 43

SEITEN 68–69: *Wyatt*
Wyatt wurde später umbenannt zu Wy, als ihre Pfleger im Tri-Cities-Tierheim feststellten, dass der Kater eigentlich eine Katze war. Die freundliche Mieze wurde nach 143 Tagen adoptiert.

SEITE 54: *King*
King war vier Monate alt, als er ins Tri-Cities-Tierheim gebracht wurde. Wegen einer Infektion musste er zehn Tage später eingeschläfert werden.

SEITE 63: *Pumpkin*
Dieser eineinhalbjährige Europäisch-Langhaar-Mischling hatte so stumpfes Fell, als er zur BFHS kam, dass man ihm erst mal eine »Löwenrasur« verpasste. Er wurde zwei Wochen zu einer Gastfamilie in Pflege gegeben, bevor er zur Adoption freigegeben wurde und nach 22 Tagen ein neues Zuhause fand.

SEITEN 70–71: *Kätzchen*
Dieses acht Wochen alte Kätzchen lag gemeinsam mit ihren beiden Brüdern in ihrem Käfig, als ich kam, um sie zu fotografieren. Die schlafenden Geschwister wurden wach, als ich sie aus dem Käfig holte, und ich begann mit den Jungs. Das Katzenmädchen verschlief all die Aktion mit ihren Brüdern und machte die Augen erst auf, als ich es hochnahm und ins Studio brachte. Nach einer Woche wurde es mit seinen Brüdern einer Tierschutzgruppe überlassen.

SEITEN 55 & 56–57:
Mangas Kätzchen
Dieses acht Wochen alte Kätzchen wurde zusammen mit Mutter Manga und vier Geschwistern abgegeben. Das erste Katzenkind wurde nach 30 Tagen adoptiert, während das letzte 72 Tage auf sein neues Zuhause wartete.

SEITEN 64–65: *R3079 & Peepers*
Diese drei Wochen alten Kätzchen hielten gerade, über- und untereinandergekuschelt, ein Nickerchen, als ich kam, um sie zu fotografieren. Nach kurzem Gähnen, Recken und Strecken wurden sie aber schnell munter und begannen, einander das Fell zu putzen. R3079 wurde nach 8 Tagen adoptiert; Peepers starb nach 21 Tagen.

SEITE 72: *Rocky*
Der grau-weiße Kater Rocky war etwa ein Jahr alt, als Animal Control ihn ins Tri-Cities-Tierheim brachte. Nach 199 Tagen wartete er immer noch auf seine Adoption.

SEITE 58: *Rocket*
Dieser vier Monate alte Kater wurde im Alter von zwei Monaten ins Tri-Cities-Tierheim gebracht und nach 77 Tagen adoptiert.

SEITE 66: *Soda*
Dieser grau-weiße Europäisch-Kurzhaar-Kater war erst eine Woche alt, als er gemeinsam mit Mutter und Geschwistern ins Tri-Cities-Tierheim gebracht wurde. Er wartete nach 90 Tagen immer noch auf die Adoption.

SEITE 73: *R1194*
Das Personal des Tri-Cities-Tierheims beschrieb diesen eineinhalbjährigen Europäisch-Kurzhaar-Kater als sehr lieb und verschmust. Er wurde nach 70 Tagen adoptiert.

SEITE 59: *Garfield*
Dieser zehn Monate alte süße Europäisch-Kurzhaar-Kater war gemeinsam mit anderen Katzen, Hunden, Vögeln, Hausschweinen und Kindern aufgewachsen und daher leicht zu vermitteln. Er wurde nach 25 Tagen adoptiert.

SEITE 67: *Mary Anne*
Mary Anne wurde gemeinsam mit vier Geschwistern bei der BFHS abgegeben. Alle Kätzchen wurden innerhalb eines Monats adoptiert.

SEITEN 74 & 75: *Precious*
Dieses Kätzchen wurde gemeinsam mit den Geschwistern zur BFHS gebracht. Während die anderen schnell vermittelt werden konnten, musste Precious drei Monate auf die Adoption warten.

SEITE 77: *Julius*
Dieser rotgetigerte Kater war etwa ein Jahr alt, als er zur BFHS kam. Nach 61 Tagen wurde er adoptiert.

SEITE 84: *Peach*
Diese rotgetigerte junge Europäisch-Kurzhaar-Katzendame war sehr munter und verspielt während ihres Aufenthalts bei der BFHS. Nach 63 Tagen wurde sie adoptiert.

SIEHE SEITE 38

SEITE 79: *P1835*
Dieses Kätzchen war fünf Monate alt, als es ins Tri-Cities-Tierheim gebracht wurde. Das Katzenmädchen zog sich eine Infektion zu und musste nach 28 Tagen eingeschläfert werden.

SEITE 85: *Skittles*
Der quirlige Skittles kam als junger Europäisch-Kurzhaar-Kater zur BFHS und wurde nach zehn Tagen vermittelt.

SEITEN 92–93: *Hope*
Dieses Kätzchen wurde zusammen mit Mutter und Geschwistern zur BFHS gegeben. Sie musste eingeschläfert werden, da ein Katzenleukämie verursachender Virus bei ihr diagnostiziert wurde.

SEITEN 80–81: *Noble*
Dieser kleine Europäisch-Kurzhaar-Kater wurde mit vier Monaten ins Tri-Cities-Tierheim gebracht. Nach 76 Tagen wartete er immer noch auf ein neues Zuhause.

SEITEN 86–87: *P1834*
Diese vier Monate alte Ägyptische Mau bekam keinen Namen während ihres 42-tägigen Aufenthalts im Tri-Cities-Tierheim. Sie bekam eine Infektion und musste eingeschläfert werden.

SEITE 93: *Kätzchen*
Dieses acht Wochen alte Kätzchen kam als eines aus einem sehr temperamentvollen Wurf zur BFHS. Alle Geschwister wurden innerhalb von fünf Wochen adoptiert.

SEITE 82: *Sammy*
Der vier Monate alte Europäisch-Kurzhaar-Kater Sammy war sehr an mir interessiert, während ich die Aufnahme vorbereitete. Er wurde nach 13 Tagen adoptiert.

SEITEN 88–89: *Kimba*
Dieser grau-, schwarz- und braungetigerte Europäisch-Kurzhaar-Kater war bei seiner Aufnahme im Tri-Cities-Tierheim sieben Wochen alt. Er bekam eine Infektion und musste nach 14 Tagen eingeschläfert werden.

SEITE 94: *Kätzchen*
Dieses Europäisch-Kurzhaar-Kätzchen wurde zusammen mit vier Geschwistern zur BFHS gegeben. Alle Kätzchen konnten innerhalb von drei Wochen vermittelt werden.

SEITE 83: *Karma*
Dieses sieben Wochen alte schwarz-weiße Europäisch-Kurzhaar-Katerchen kam zusammen mit fünf Geschwistern ins Tri-Cities-Tierheim. Karma musste zehn Tage später wegen einer Infektion eingeschläfert werden.

SIEHE SEITE 34

SEITE 95: *Andy*
Der Europäisch-Kurzhaar-Kater Andy wurde im Alter von etwa vier Monaten zusammen mit seinem Bruder bei der BFHS abgegeben. Zwölf Tage später wurde er adoptiert.

SEITE 96: *Sonia*
Diese zweijährige Europäisch-Kurzhaar-Katze erwies sich als sehr geschwätzig. Während der Fotosession konnte sie keine Minute den Schnabel halten. Leider zog sie sich eine Infektion zu und musste eingeschläfert werden.

SEITE 101: *Kahula*
Kahula war sieben Wochen alt, als sie mit ihren Geschwistern ins Tri-Cities-Tierheim gebracht wurde. Sie war krank und starb neun Tage später.

SEITEN 108 & 109: *Cindy's Kätzchen*
Dieses acht Wochen alte Kätzchen wurde samt seiner Mutter und vier Geschwistern abgegeben. Im Gegensatz zu diesen war sie bei der Fotosession kein bisschen schüchtern. Nach drei Wochen war sie vermittelt.

SEITE 97: *Baby Girl*
Mit eineinhalb Jahren wurde dieses kleine Tigerkätzchen dem BFHS übergeben. Nach nur sechs Wochen wurde es adoptiert.

SEITEN 102–103: *Charlotte*
Mit ihrem langen Fell, der dezenten Schildpattzeichnung und den kleinen Ohren bietet Charlotte ein eindrucksvolles Bild. Trotzdem konnte sie erst nach 172 Tagen vermittelt werden.

SEITEN 110–11: *Radar*
Wegen starken Flohbefalls kam er im BFHS drei Wochen lang in Quarantäne. Dank seines freundlichen, verspielten Wesens konnte er trotzdem rasch vermittelt werden.

SEITE 98: *P2069*
Nach der Karteikarte war dieses sieben Wochen alte Hauskätzchen verängstigt. Bei der Fotosession erschien es mir aber ziemlich selbstbewusst. Nach neun Tagen hatte es schon einen neuen Besitzer gefunden.

SIEHE SEITE 35

SIEHE SEITE 34

SEITE 99: *P2079*
Erst fünf Wochen alt war dieses P2079 genannte Kätzchen. Es schlief tief, als ich es zum Fotografieren abholte, und obwohl man es nach dem Foto nicht vermuten würde, war es lebhaft und munter. Nach sieben Tagen wurde es einer Tierschutzgruppe übergeben.

SEITE 105: *Tango*
Tango kam mit seiner Mutter und fünf Katzenkindern ins BFHS. Nach neuntägigem Aufenthalt wurde er von einer Familie adoptiert, die fast 200 Kilometer entfernt lebt und sein Bild im Internet fand.

SEITE 113: *Suey*
Suey wurde im BFHS geboren, nachdem man ihre hochträchtige Mitter Misha dort abgegeben hatte. Im Alter von acht Wochen wurde sie zur Adoption freigegeben.

SIEHE SEITE 42

SEITE 107: *Sybil*
Die weiß-rote Europäisch-Kurzhaar-Katze kam im Alter von vier Monaten ins Tri-Cities-Tierheim. Sie konnte innerhalb von zwei Wochen vermittelt werden.

SEITE 115: *Sasquatch*
Die meiste Zeit seines ersten Lebensjahres hat Sasquatch in der Woodford Humane Society verbracht. Erst nach 213 Tagen fand er eine neue Heimat.

SEITEN 116–17: *Kätzchen*
Dieses acht Wochen alte Kätzchen verbrachte die meiste Zeit außerhalb seines Käfigs und spielte fröhlich während der Fotosession. Dennoch dauerte es 35 Tage, bis es vermittelt werden konnte.

SEITE 128: *Kätzchen*
Die Fotos von diesem Kätzchen entstanden im Alter von sieben Wochen, eine Woche bevor es zur Adoption freigegeben wurde. Nach nicht einmal drei Wochen war es samt seinen Geschwistern vermittelt.

VORDERSEITE UMSCHLAG:
K3112 & *K3116* sind Brüder und kamen gemeinsam mit ihrer Muter und weiteren Geschwistern ins Tri-Cities-Tierheim. K3112 war binnen einer, K3116, auch Willie genannt, binnen dreier Wochen vermittelt.

Die Katze als Fotomodell

Es gibt viele Möglichkeiten, den Katzen in Ihrem nächstgelegenen Tierheim zu helfen. Eine davon besteht in der Tat darin, die zur Vermittlung freigegebenen Tiere möglichst vorteilhaft zu fotografieren, wie ich es getan habe. Wenn dieses Buch auch Sie dazu angeregt hat, zur Kamera zu greifen – hier noch einige Tipps für den Anfang:

• Sicherheit ist oberstes Gebot. Arbeiten Sie daher immer in einem sorgfältig geschlossenen Raum, damit Ihr pelziges Motiv auf keinen Fall entkommen kann.

• Achten Sie auf ausreichendes Licht. Es ist egal, ob es sich dabei um Tages- oder um Kunstlicht handelt.

• Die Verwendung einer guten Spiegelreflexkamera ist von Vorteil, aber nicht Bedingung. Alte oder minderwertige digitale Kompaktkameras sind wegen der mitunter langen Auslöseverzögerung aber nicht zu empfehlen.

• Arbeiten Sie nicht allein, sondern mit einem Partner, der es gewohnt ist, mit Katzen umzugehen. Eine Person konzentriert sich auf das Tier, die andere auf die Kamera.

• Sorgen Sie für einen möglichst ruhigen Hintergrund. Der Betrachter soll sich auf die Katze konzentrieren. Unruhige Hintergründe kann man auch mit einem Laken abhängen.

• Leckerlis können beim Fotografieren von Hunden Wunder wirken. Katzen lassen sich davon nicht beeindrucken. Manche probieren es mit Katzenminze, riskieren aber, dass das Tier nervös reagiert.

• Spielzeuge können mitunter zu guten Bildern verhelfen. Wenn die Katze Ihr Spielzeug aber mit Verachtung straft, können Sie es gleich wieder einpacken.

• Sorgen Sie dafür, dass ein Tisch in Ihrem »Studio« steht. Setzen Sie die Katze darauf, und mit etwas Glück wirft sie sich in Pose. Der Tisch erspart Ihnen manche Verrenkung, wenn Sie eine Porträtaufnahme machen wollen.

• Achten Sie auf die Körpersprache der Katze. Verspielte Tiere lassen sich meist wunderbar in Szene setzen. Ist die Katze aber verängstigt, haben Sie kaum eine Chance, im Rahmen einer Fotosession ihr Vertrauen zu gewinnen. Versuchen Sie wenigstens ein Bild vom Gesicht zu machen.

• Vor allem aber: Sie selbst müssen Freude daran haben, mit der Katze zu spielen. Vielleicht kommen Sie nicht von jeder Session mit einem Meisterwerk zurück, aber die Katze hat sich zumindest gut amüsiert.

Tierschutzorganisationen

Es gibt 519 Tierheime in Deutschland. Wenigstens eines davon liegt auch für Sie in erreichbarer Nähe, und dort finden Sie sicher eine Auswahl von Findelkatzen, von denen jede glücklich wäre, in Ihrem Heim ein neues Zuhause zu finden. Nachfolgend finden Sie eine Zusammenstellung der Kontaktdaten von Organisationen, die sich speziell dem Schutz heimatloser Katzen verschrieben haben, außerdem der zentralen Tierschutzorganisationen in Österreich und der Schweiz.

Katzenschutzverein Wolgast e.V.
Am Strom 7
17438 Wolgast
Telefon: 0174 - 1 74 20 10
E-Mail: ffisch@web.de
Ansprechpartner:
Frau Ilona Fisch

Bürgerinitiative Katzenschutz e. V.
Hagenwisch 36
25469 Halstenbek
Telefon: 04101-4 10 91
Telefax: 04101-4 10 91
E-Mail: uk@katzenschutz-halstenbek.de
Webseite: www.katzenschutz-halstenbek.de
Ansprechpartner:
Frau Ursula Krause

Katzenhilfe Annaberg e.V.
Magazingasse 8
09456 Annaberg Buchholz
Telefon: 03773 - 2 22 07
E-Mail: hei.mue@t-online.de
Webseite: www.katzenhilfe-annaberg.de/
Ansprechpartner:
Frau Heike Müller

Katzenhilfe Kreis Döbeln e.V.
Geyersberger Str. 79
04720 Döbeln
Telefon: 03431 - 61 11 70
Telefax: 03431 - 67 89 06
Ansprechpartner:
Frau Anneliese Herrmann

Katzen in Not e.V.
Silberweg 26
32758 Detmold
Telefon: 05232 - 8 87 38
E-Mail: info@katzeninnot.de
Webseite: www.katzeninnot.de/
Ansprechpartner:
Frau Gitta Helak

Katzenschutzbund e.V.
Cat-Sitter-Club Essen
Sonnenstr. 18
94072 Bad Füssing
Telefon: 08531 - 24 78 53
Telefax: 08531- 24 78 54
E-Mail: geschaeftsstelle@katzenschutzbund-essen.de
Webseite: www.katzenschutzbund-essen.de
Ansprechpartner:
Frau Ruth Kürten

Hilfe für herrenlose Hunde & Katzen e.V.
Hauptstraße 23
55444 Schöneberg
Telefax: 06724 - 60 59 17
E-Mail: kynast@nahetal.com
Ansprechpartner:
Herr Peter Kynast

Katzenhilfe Neuwied e.V.
Landratsgarten 21
56564 Neuwied
Telefon: 02631 - 5 21 76
E-Mail: webmaster@katzenhilfe-neuwied.de

Webseite: www.katzenhilfe-neuwied.de
Ansprechpartner:
Frau Jutta Gräfin Praschma

Katzenhilfe Pro Felidae e.V.
Pappelweg 5
66701 Beckingen
Telefon: 06835 - 60 83 69
Telefax: 06835 - 60 21 99
Ansprechpartner:
Frau Anneliese Günther

Katzenhilfe Ehingen u.U. e.V.
Postfach 12 37
89572 Ehingen
Telefon: 07393 - 49 88
Telefax: 07391 - 5 84 11 95
E-Mail: Info@Katzenhilfe-Ehingen.de
Webseite: www.katzenhilfe-ehingen.de
Ansprechpartner:
Frau Veronika Dörfer

Katzenhilfe Ulm / Neu-Ulm u.U. e.V.
Postfach 27 03
89017 Ulm
Telefon: 0731 - 98 09 91 68
Telefax: 0731 - 98 09 91 69
E-Mail: info@katzenhilfe-ulm.de
Webseite: www.katzenhilfe-ulm.de
Ansprechpartner:
Herr Dr. Pedro de la Fuente

Katzenschutz Göppingen Donzdorf e.V.
Im Lautergarten 6
73072 Donzdorf
Telefon: 07162 - 2 11 20
E-Mail: vorstand@katzenschutz-gp-donzdorf.de
Webseite: www.katzenschutz-gp-donzdorf.de/
Ansprechpartner:
Herr Carl Friedrich Giese

Bund der Katzenfreunde e.V. München
Appenzeller Straße 115
81475 München
Telefon: 089 - 66 61 67 82
Telefax: 089 - 4 60 59 97
E-Mail: info@bund-der-katzenfreunde.de
Webseite: www.bund-der-katzenfreunde.de
Ansprechpartner:
Frau Ulrike Kallèe

Katzenhilfe in und um Würzburg
Mainfränkischer Tierschutz e. V.
Würzburger Str. 39
97204 Höchberg
Telefon: 0931 - 2 70 50 31
E-Mail: KatzenhilfeMfT@gmx.de
Webseite: www.katzenhilfe-wuerzburg.de/
Ansprechpartner:
Frau Brigitte Leimbach

Katzenschutzverein Mindelheim
Gartenstr. 17
87719 Mindelheim
Telefon: 08261 - 2 07 42
Ansprechpartner:
Frau Rita Mandl

Zuflucht für Hunde und Katzen e.V.
Landau a. d. Isar
Weidenstraße 15 a
94405 Landau a.d. Isar
Telefon: 09951 - 85 74
Ansprechpartner:
Frau Lana-Renate Kreil

Österreichischer Tierschutzverein
Berlagasse 36
A-1210 Wien
Tel. +43/1/897 33 46
Fax: +43/1/897 33 46-10
E-mail: tierschutzverein@oetv.or.at

Schweizer Tierschutz STS
Dornacherstrasse 101
Postfach
CH-4008 Basel
Telefon: 061 365 99 99
Telefax: 061 365 99 90
E-Mail: sts@tierschutz.com

Titel der Originalausgabe: *Shelter Cats* 2010
erschienen bei Merrell Publishers Limited, London

Deutsche Erstausgabe

Ein Unternehmen der La Martinière Groupe

Umschlaggestaltung: Fabian Arnet, Knesebeck Verlag
Lektorat, Herstellung und Satz: VerlagsService Dr. Helmut Neuberger & Karl Schaumann GmbH, Heimstetten
Druck: Toppan Printing Co Ltd., Hongkong
Printed in China

ISBN 978-3-86873-314-3

www.knesebeck-verlag.de

Umschlag Vorderseite: K3112 and K3116 (Willie)
Umschlagrückseite (im Uhrzeigersinn, oben rechts beginnend): Mulan; Little Bug; Miss Kitty; Captain Hook; Kätzchen
Rücken: Finnegan
Seite 1: Socks
Seite 2: Mulan
Seiten 4–5: Tiger
Rechts: Kätzchen
Für weitere Informationen zu diesen Katzen beachten Sie bitte die Seiten 118–123.

Dank
Zu größtem Dank verpflichtet bin ich Traer Scott für Hilfe und Unterstützung bei diesem Buchprojekt, dazu Judy Devine-Geuther für ihre unermüdliche Mitarbeit bei der Benton-Franklin Humane Society. Dank gebührt auch David Spindler und Amanda Jones für ihre kritischen Blicke auf die Ergebnisse meiner Arbeit sowohl zu diesem Buch als auch zu meiner Diplomarbeit. Ich danke Sandy Davis und Monica Baumann, dass sie mir den Weg gewiesen haben. Vor allen anderen aber danke ich Robin für ihre Liebe, ihre Unterstützung und wiederholte Ermutigung.